2019 年国家艺术基金项目成果

城市·记忆

—— 城市影像档案创作作品集

高鹏 主编

上海交通大学出版社
SHANGHAI JIAO TONG UNIVERSITY PRESS

内容提要

　　本书是国家艺术基金项目结题成果。以城市影像为主题，收录了 2019 年暑假期间来自国内 18 个省市的 30 位学员在为期 60 天的"城市影像档案创作人才培养"项目研修班创作的优秀摄影作品，通过城市影像的专题探索与实践，向读者展现现代城市发展现状。

　　本书可供影像专业学生及各类摄影爱好者欣赏借鉴。

图书在版编目（CIP）数据

　　城市·记忆：城市影像档案创作作品集 / 高瞩主编 .
——上海：上海交通大学出版社，2019
ISBN 978-7-313-22600-6

　　I. ①城… II. ①高… III. ①城市规划—建筑设计—
作品集—中国—现代 IV. ① TU984.2

　　中国版本图书馆 CIP 数据核字（2019）第 252922 号

城市·记忆——城市影像档案创作作品集

CHENGSHI ·JIYI——CHENGSHI YINGXIANG DANG'AN CHUANGZUO ZUOPING JI

主　　　编：	高　瞩			
出 版 发 行：	上海交通大学出版社	地　　　址：	上海市番禺路 951 号	
邮 政 编 码：	200030	电　　　话：	021-64071208	
印　　　刷：	上海锦佳印刷有限公司	经　　　销：	全国新华书店	
开　　　本：	787mm x 1092mm 1/16	印　　　张：	4.5	
字　　　数：	54 千字			
版　　　次：	2019 年 12 月第 1 版	印　　　次：	2019 年 12 月第 1 次印刷	
书　　　号：	ISBN 978-7-313-22600-6			
定　　　价：	128.00 元			

主编／项目负责人
高　瞩

副主编
祁和亮　沈　洁

项目成员
祁和亮　沈　洁
谢　天　张笑秋
施小军　刘晓燕
程　昭　朱　翔

项目助理
丁天天　高　旋
崔星雨　韩欣格
孙　为

序言

　　2019 年 6 月 31 日至 8 月 31 日，由上海工程技术大学艺术设计学院主办的城市影像档案创作人才培养项目，在上海开展采风学习活动。该项目是 2019 年国家艺术基金艺术人才培养项目。项目以专业精神培育、专业素养提升、专业能力增强为目标，旨在引导、鼓励、支持艺术机构和高等院校培养优秀艺术人才，更好地反映时代变化，响应人民期待，繁荣社会主义文艺，推动艺术事业的创新发展。

　　影像作为见证现代都市发展的重要载体之一，已成为全国各城市弘扬时代主旋律，保存人文历史的主要媒介。长期以来，影像艺术家都在积极致力于城市影像资料的开发和利用。建立丰富又科学的城市影像档案，运用影像档案的通俗性与传播力来宣传、推广城市形象，也是加强市民对城市历史与文化认同的重要方式。本书汇聚了来自全国 18 个省市的 30 名具有相关从业经验的学员以及部分老师的作品。学员们通过第一阶段集中教学，第二阶段外出采风创作和交流后，以城市为切入点，用影像表达了自身对城市的认识态度，进行了一次城市影像的专题探索与实践，深入挖掘了城市的风土人情、建筑风光与历史记忆，为世人展现了现代城市发展现状。

　　过去，历史主要靠史学家用文字来撰写。得益于科技的进步，摄影术 180 年的发展历史，影像人以自己的视角，用城市影像真诚记录当下。在没有刻意修饰的镜头里，历史不仅是一场场重要会议、一个个伟大工程，也是普通百姓的柴米油盐和悲欢离合，是城市中一个个贯穿于日常生活中的身影，是时代前行里一张张奋斗者的面孔，是里弄里一段段时空更替的历史……

　　如果把一张照片比做一扇窗户，那么通过这些窗户，你将"穿越"

时空，回到历史现场，在目睹城市发展奇迹的同时，也感受到每一位普通中国人所付出的艰辛努力。影像是时间的化石。好的影像，会在历史深处发出自己的声音，它们不但是时代最生动的记录，而且传导着史书上感受不到的温度和情感。也正因此，我们更能体会到这个时代的伟大。

本册作品集展现出各地学员对城市独特的理解与创意，城市摄影辐射面进一步扩大，创意作品趋于生活和理念的多元表现，提升了城市影像档案的艺术性。让我们走进这部城市变迁的影像记录，用心回顾我们一起走过的生命征程，更期待摄影人继续努力，开拓创新，共同为城市影像档案的发展，为文化大发展、为中国的摄影事业发展尽一份力量。

真诚地感谢国家艺术基金委对本项目的大力支持！

项目负责人

2019 年 10 月

项目主管

國家藝術基金

CHINA NATIONAL ARTS FUND

项目主办

上海工程技术大学

Shanghai University of Engineering Science

艺术设计学院

School of Art and Design

目　录

2019 年国家艺术基金艺术人才培养资助项目

"城市影像档案创作人才培养"

[2019-A-04-(097)0639]

城市档案与影像留存

林路

由国家艺术基金资助，上海工程技术大学作为申报主体，艺术设计学院负责的2019年国家艺术基金艺术人才培养项目"城市影像档案创作人才培养"，在国家艺术基金督导员、上海文旅局相关领导的指导下，已经结出了令人满意的果实。学员们的创作热情和多元化的创作风格，构成了一份沉甸甸的视觉档案，不仅为即将逝去的和已经逝去的留下了念想，更是指向未来的城市社会学的宝贵文献。

城市的概念由来已久，在公元前八世纪左右，古希腊诸城邦陆续形成，斯巴达和雅典在当时就享有很高的声誉。可惜那时候还没有摄影，于是我们只能想象苏格拉底在城市街头雄辩时的模糊身影，或者猜测最早的奥林匹克的勇士们如何角逐在竞技场上……后来摄影的诞生，却正好处于一个全球大规模都市化的过程中。都市化作为社会学的一个概念，是指社会经济、人口、生活方式等由农村型向都市型转化的过程。19世纪的欧洲各国以及20世纪前期美国最主要的社会变迁内容之一都是都市化，生逢其时的摄影，不可能不对都市的巨大变化产生敏感的注视。无数摄影人以对都市成型的强烈认同为前提，通过自我的视线，面对都市人生，流露出无所不在的对都市生活的感受。甚至仅仅就是将城市空间形态及其构成、演变作为都市社会学的重要课题加以研究，摄影也有其得天独厚的表现优势——即便是空无一人的都市场景，也能阐述都市人对自己的生存空间、社会空间的理解，表现人与都市的最为直接、最为深刻的相互关系。

关键的问题是，当下的我们正处于一个都市化进程异常剧变的年代，摄影所担当的角色也更具前所未有的紧迫感。同时在摄影的普及以千百倍的速度超越当年的背景下，什么样的影像才能影响当下，什么样的影像才能惠及后人——难度之高，可想而知。好在一个多月紧张的学习和实践，在各路精英教授者的引导下，学员们交出了一份令人满意的答案，让我们看到了城市影像档案留存的丰富价值和未来更多的可行性。

在学员的作品中，我们看到他们学会了以一种时间的延续观念来面对所拍摄的对象，不管是动态的社会生活事像，还是相对静态的历史人文景观，将其时间的延续性清楚地表达出来了。有的采用了田野调查式的类型学手法，注重对社会生活和地理环境的深入考察和连续纪录，以其不可分割的生存状态展示个体生命或群体无意识所留下的痕迹，让人通过其形象的特征认识历史演进的种种可能。比如《老城厢之"门"》所提炼出的历史生命力，还有《上海街头》的弄堂写实，以及《延安路高架》所触摸的现代都市的肌理，包括《余厂》深入到几乎是废墟的工业空间等，已经不仅仅是面对一种空间的展开，更重要的是面对一种时间的延续——凸显其文献价值，藏而不露。

我们还看到了学员作品中对城市历史风俗的再现，细细碎碎叠加起来就是一部城市沉重的图像史章。他们所关注的，不一定是生活在社会最底层的平民百姓，也包括许许多多的各阶层的人物。画面中最重要的特征首先就是平凡，在茫茫的人海之中，他们都只是沧海一粟，并不具备任何呼风唤雨、驾驭世事发展进程的能力。但是他们是最具有活力的一群人，这个城市一旦缺少了他们，就会变得了无生趣，或者说就失去了人生阅读的可读性。从《上楼之后》和《城市温度》稍稍带有趣味性的呈现，到《"忘"记仓城》和《仓城》浓郁的世俗氛围，从《双生》所带来的日常人生的幽默，到《上海女性》和《拱宸桥》的自由潇洒……将色彩缤纷的城市生活图像放在一起阅读时，你就会发现原来这个城市真的是可以让人亲近的，是一个实实在在的整体，一个不容任何人忽略的生命空间。

其实，在其表达语言上，很多学员都在努力探索着，试图用更为当代的叙述结构，为一座座城市留下值得玩味的空间。真正优秀的当代影像，仅仅靠讲好一个故事是远远不够的，还必须让观众从这个故事中读出某些象征的意味。只有这样，图像的覆盖力和概括力才会大大强化。在生活中发现什么、象征什么，也应该是每一个摄影人所应该仔细考虑的。学员们懂得不应该简单地、轻率地按下快门，尤其是可以简单重复的画面，就不要随意拍摄——否则，再多的图像也等于零。于是我们看到了《魔都纪事》在纪事之外的独特魔力，也看到了《上海时间》超越时间元素的时空流逝，还有《城市乐园》中近乎荒诞色彩的扑朔迷离，以及《城外》经常被人所忽略的故事……一张照片从表面上看纪录的是人物的生存形态，重要的却是洞察变幻莫测的人物心态。摄影家的高明之处，就在于如何通过这些无声静止的画面走入人的心灵深处，以超常规的手段把握人的七情六欲，从而赋予画面中的人物以"灵性"，使摄影的力量强化到更高的层次。

至于一些静物的构成，如《非遗"采耳"在上海》的静观，《尽头》的幻觉，在看似平淡的叙述中讲述着内心深处的故事。还有选择了类似德国摄影家桑德的站立者肖像模式拍摄的《劳动者》，或者《窗》的幻影，以及看似随意的《上海街头》或《错综》，学员们都试图寻找更为个性化的语言，将自己融入一座城的同时，又恰到好处地跳出观看的"围城"。其他更多在这里无法一一细数的学员的画面，在影像档案的层面上，都是一次次的对自我的大胆超越。因为他们的思考重点在于，这样的影像为后人又会留下什么？记录一座城市吗？太简单了！图解一个时代吗？也没有必要这样夸张！因为真正优秀的创造者，他的影像不再会是简单地告诉人们，在哪一个地域和哪一个瞬间发生了什么，而是通过拍摄者入木三分的观察力和表现力，呈现给无数的后来人在这个世界的某一个似乎无足轻重的时间节点，有一群城市档案影像的摄影人，他们是如何观看这个世界的！或者说，他们所呈现的，就是一个时代不可能重复的艺术家看待世界的方式！因为，只有个性化的看待城市的方式，才可能证明城市中人的存在，而非城市是怎么存在过的……

于是我们欣喜地看到，这些摄影人力求从自身的角度带给我们各种各样的城市"真相"，从而让我们从不同的角度解读这些"真相"，还原各种属于城市的"真实"，从客观和主观的双重世界，一起走近陌生而熟悉的城市未来——因为他们已经在非常有限的时间内，用自己的体温融入了城市脉搏的跳动！希望下一次，会有更为厚重的收获……

陈 伟江
CHEN Weijiang

肇庆学院
广播电视学专业
讲师

组照《群像》

《魅动》

陈 婧赟
CHEN Jingyun

浙江科技大学
艺术设计学院
摄影系
讲师

《松江经济开发区》

《松江泰晤士小镇》

《杭州六和塔》

董 海斌
DONG Haibin

西安理工大学艺术与
设计学院影像动画系
专业主任

陕西省美术家协会会
员 / 陕西省动漫游戏
行业协会行业顾问

组照《城市温度》

范 晓颖
Fan Xiaoying

湖北师范大学
美术学院
讲师

《夜归人》
《夜间店面》

组照《空间中的诗》

付 月
FU Yue

洛阳师范学院
美术与艺术设计学院
讲师

《物语》

《人与城市》
《城市掠影》

何 国松
HE Guosong

云南省大理州
宾川县住建局职工
环保工程师

云南省摄影家协会
会员

中国摄影家协会
2018 年全国少数民族
摄影师培养对象

《东方明珠》

组照《广济桥清道夫》

赖 文清
LAI Wenqing

江西理工大学
应用科学学院
人文科学系
艺术教研室主任
数字媒体艺术负责人

江西省美术家协会
会员 / 江西省高校摄
影学会会员 / 江西省
数字艺术委员会委员

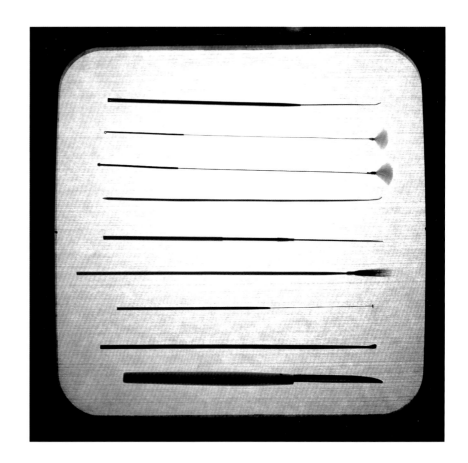

组照《非遗"采耳"在上海》

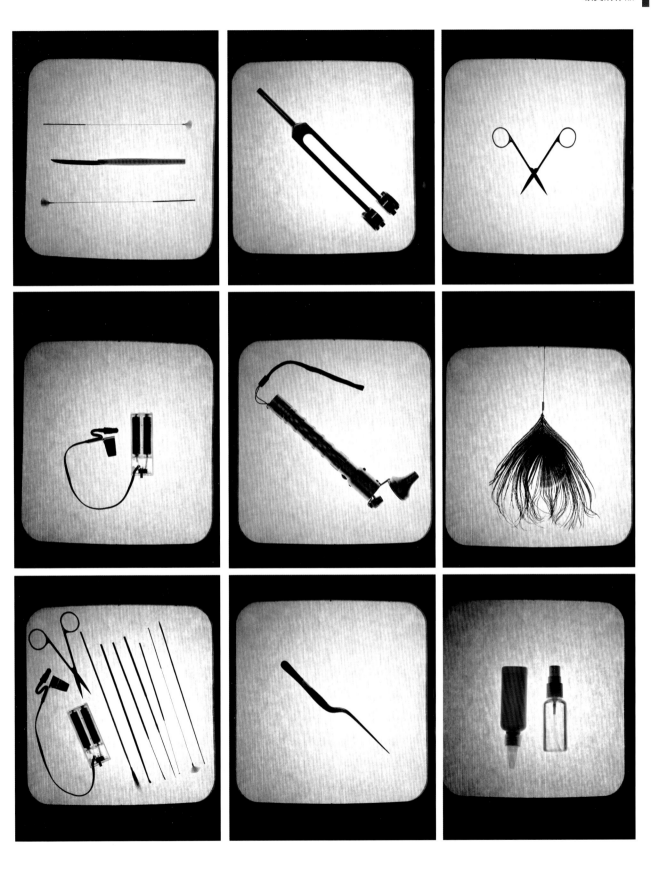

李 辉
LI Hui

河北广播电视台
导演
高级剪辑师
摄影师

河北省摄影家协会会
员 / 河北省摄影家协
会会员 / 河北省青少
年书画家协会副主席

组照《"忘"记仓城》

李 超然

LI Chaoran

上海建桥学院
新闻传播学院
讲师

组照《尽头》

李 大俊
LI Dajun

湖北生态工程职业技
术学院艺术设计学院
副院长
副教授

湖北高校摄影学会常
务理事 / 湖北省高等
教育学会摄影专业委
员会秘书长

《梦回溪边》

《守护》

《江边拾景》

李 科燕
LI Keyan

湖南科技学院
美术与艺术设计学院
摄影专业
讲师

中国摄影家协会会员

《在云端》

《上海，上海》
《迎着曙光》

廖 立刚
LIAO Ligang

广西青年摄影家协会
主席

组照《城外》

娄 世民
LOU Shimin

红河学院
美术学院
摄影专业
负责人

组照《上海速度》

《今日上海》

马 天歌
MA Tiange

独立摄影人
自由撰稿人

组照《城市乐园》

马 现勇
MA Xianyong

青岛红本文化传媒有
限公司半乡客艺术人
文视频杂志
摄影师 / 摄像师

《倒视镜》

组照《搬家》

马 晓林
MA Xiaolin

青海省文化馆
美术摄影部
摄影干部

国家高级摄影师／青
海省摄影家协会会员
／青海省文化和旅游
摄影协会副秘书长／
西宁市摄影家协会理
事／美国职业摄影师
协会会员／新华网签
约摄影师

中国摄影家协会
第一批少数民族
摄影培养人才

《错综》

《向往上海》
《古镇揽景》

孟 繁羽
MENG Fanyu

大连东软信息学院
数字艺术与设计学院
影像与视觉文化研究
所负责人

组照《余厂》

牛 学

NIU Xue

武汉工商学院
艺术与设计学院
副教授

主要从事摄影与艺术
设计的教学与研创工
作。主持国家艺术基
金摄影项目"藏源山
南"并获滚动资助，
主持国家精品在线开
放课程《摄影基础》

组照《上海女性》

组照《拱宸桥》

齐 琦
QI Qi

上海大剧院
专职摄影师

上海摄影家协会会员

从事舞台摄影、定妆
照、演出项目宣传等
工作。

组照《延安路高架》

钱 振
QIAN Zhen

安徽大学
艺术与传媒学院
影视专业
讲师

艺库签约艺术家

组照《双生》

冉 宇
RAN Yu

四川大学锦江学院
艺术学院
讲师

《城·景》

《线·条》

《新·老》

唐 天瑞
TANG Tianrui

东华大学
附属实验学校
教师

《浦江之首》

《泰晤士小镇》

《农忙》

王 培蓓
WANG Peibei

山东工艺美术学院
数字艺术与传媒学院
摄影教研室
副教授

组照《上海生活》

武 文丰

WU Wenfeng

西华师范大学
美术学院设计系
教授

美术学院数字媒体艺
术设计实验室主任 /
图片摄影实验室负责
人 / 数字媒体艺术设
计工作站负责人 / 美
术学院跨媒体艺术硕
士研究生招生方向领
衔导师

组照《仓城》

许 昭坤
XU Zhaokun

江西省萍乡市
体育中心管理处
职员

萍乡市摄影家协会
副秘书长

组照《上海时间》

张 翼
ZHANG Yi

石家庄市群众艺术馆
美术摄影部
副主任
副研究馆员

中国艺术摄影学会
会员
河北省摄影家协会
会员
河北艺术摄影学会
理论委员会副主任

石家庄市首批
"十百千人才工程"
宣传文化人才

2019年中国摄影家协
会"中青年摄影人才
培养工程"培养对象

组照《魔都纪事》

张 秋雯
ZHANG Qiuwen

电子科技大学
大学生文化素质
教育中心
讲师

组照《老城厢之“门”》

赵 鹏升
ZHAO Pengsheng

福建武夷学院
广播电视编导系
系主任
副教授

《文化长廊》

《老人与猫》

《窗》

周 世菊
ZHOU Shiju

山西大同大学
教育科学与技术学院
实验中心主任

组照《上楼之后》

张 利军
ZHANG Lijun

新疆维吾尔自治区
文化馆美术摄影部
副主任

组照《劳动者》